Klarsicht 001

Statements zur Klarheit

1. Auflage 2009

www.fritz-effekt.de
Gestaltung: bitcat GmbH, Dortmund
Illustrationen: Jens Neubert
Printed in Germany
InfoMediaVerlag e.K., Bochum
www.infomediaverlag.com
ISBN 978-3-935116-36-7

Durchblick

01

Vor-Sicht

Klarsicht gibt Klarheit.
Da, wo sie am meisten gebraucht wird. Bei der Arbeit.
Beim Führen von Menschen. Und immer in Veränderungen.
Jeder Mitarbeiter schreit nach klaren Verhältnissen, nach Fixpunkten, nach Wegweisern, die ihm den nächsten Schritt ermöglichen. Gute Entscheidungen werden gebraucht.
Und zwar schnell. Klarheit ist die beste Möglichkeit.

Klarsicht ist persönlich.
Sie können Klarsicht lesen, durchblättern, schmecken, fühlen, hinterfragen, anschreien, zerreißen, verbrennen, anbeten, empfehlen, ins Regal stellen, aufhängen, verschenken, auf die Stirn hauen, anlachen, immer wieder hervorholen, nachschlagen, anwenden, vorlesen, in den Arm nehmen oder sich auf die nächste Ausgabe freuen. Egal wie. Klarsicht ist ganz persönlich für Sie.

Klarsicht ist lebendig.
Die erste Ausgabe wird Sie inspirieren. Mit ausgewählten Statements aus unserer Arbeit mit Menschen, Führungskräften und Unternehmen. Ohne Umwege. Kritisch und direkt.
Mit einer großen Portion Leichtigkeit. Schwer hält nur auf.
Klarsicht nimmt Sie mit auf die Reise in die Klarheit.

STEIGEN SIE EIN.

02

Klarheit

Klarheit ist die Voraussetzung
für gute und schnelle Entscheidungen.
Alles andere ist ein Herumtappen im Nebel.
Klarheit entscheidet.

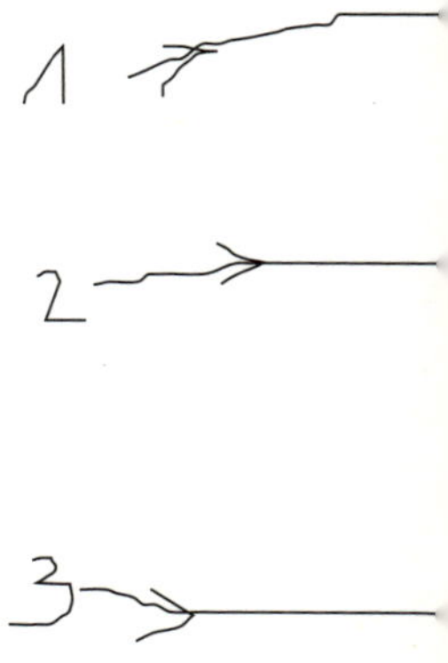

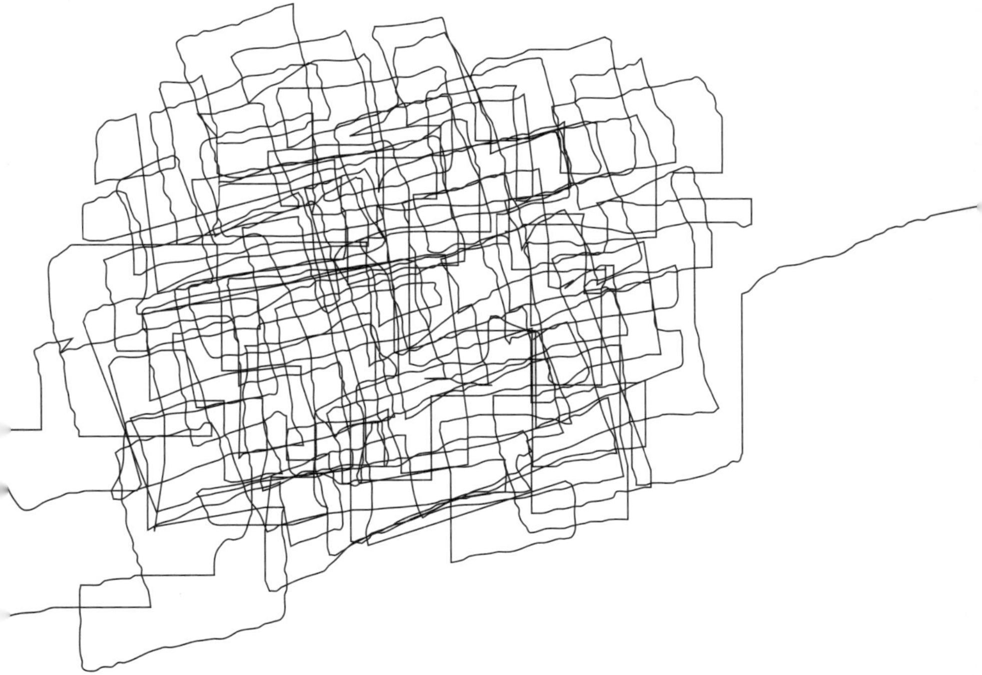

Mit Klarheit kommt Leichtigkeit. Ganz einfach.

◯ Ja

Klarheit ist ein Grundbedürfnis.

Jeder Mitarbeiter schreit nach
klaren Verhältnissen,
nach Orientierung,
nach Fixpunkten,
nach Wegweisern,
die ihm den nächsten Schritt ermöglichen.
Klarheit gibt Sicherheit.

Klarheit kann nur erlebt, gespürt werden.
Ganz individuell. Von jedem Menschen anders.
Das lässt sich nicht in Formeln und Kartons packen.

A!

Klarheit ist ansteckend.

Klarheit spürt nicht nur der, der diese für sich gerade erfährt, sondern auch die Menschen in seinem Umfeld. Kommt ein Mensch mit Klarheit daher, scheint in seiner Gegenwart alles ganz einfach zu sein. Sämtliche Probleme lösen sich scheinbar in Luft auf. Das ist das Ansteckende.

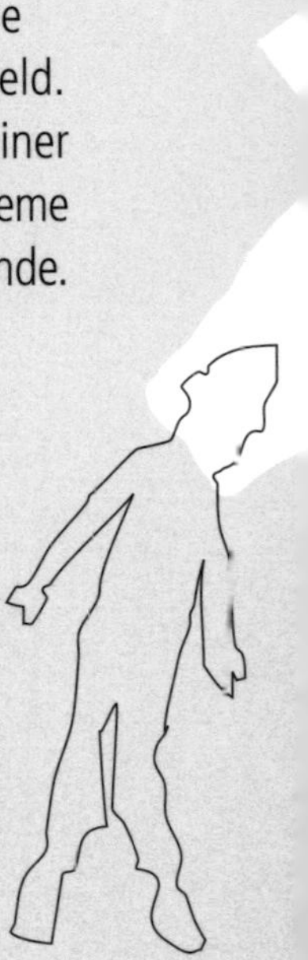

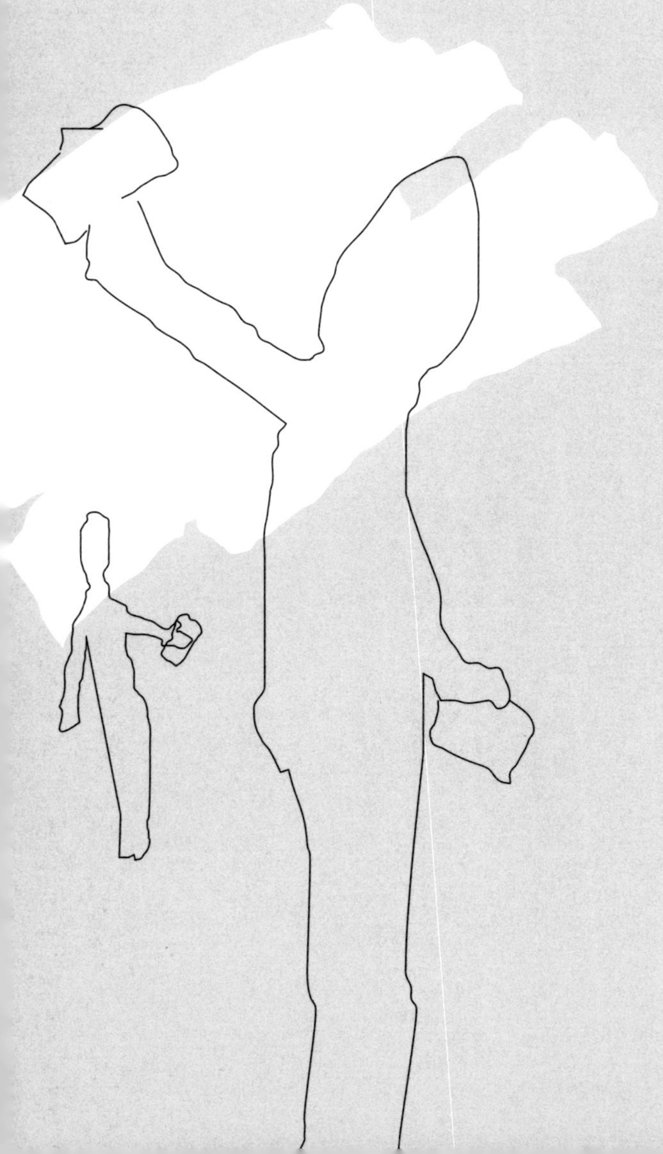

Je größer die Klarheit,
desto geringer der Ruf nach Techniken und Werkzeugen.
Man weiß, was zu tun ist. Und wie.

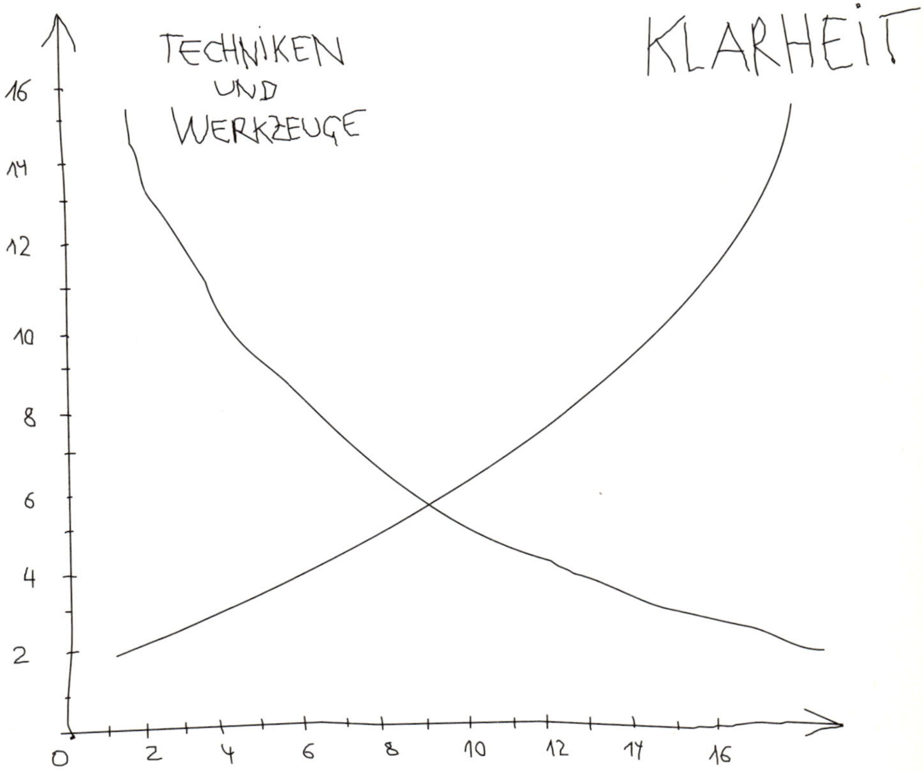
TECHNIKEN
UND
WERKZEUGE
KLARHEIT
16
14
12
10
8
6
4
2
0
2
4
6
8
10
12
14
16

Wer Geschwindigkeit will, braucht klare Sicht.
Sind Sie sich darüber im Klaren?

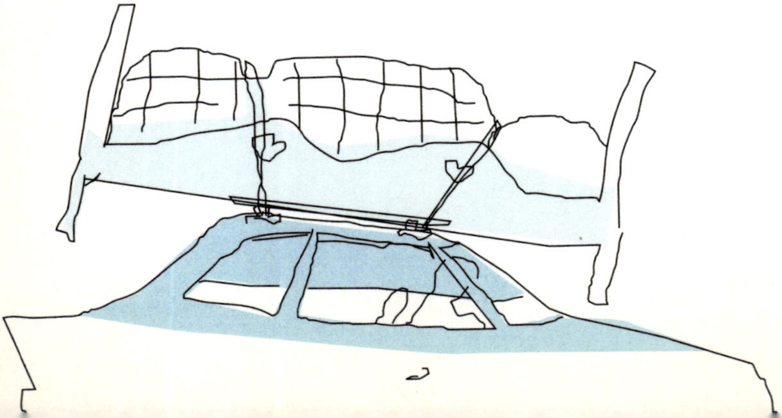

Dann geben Sie doch Gas!

Führen 03

Das w**ich**tigste Wort für jede Führungskraft lautet:

ICH

Führen heißt,
dafür zu sorgen,
dass beides funktioniert.
Zusammen.

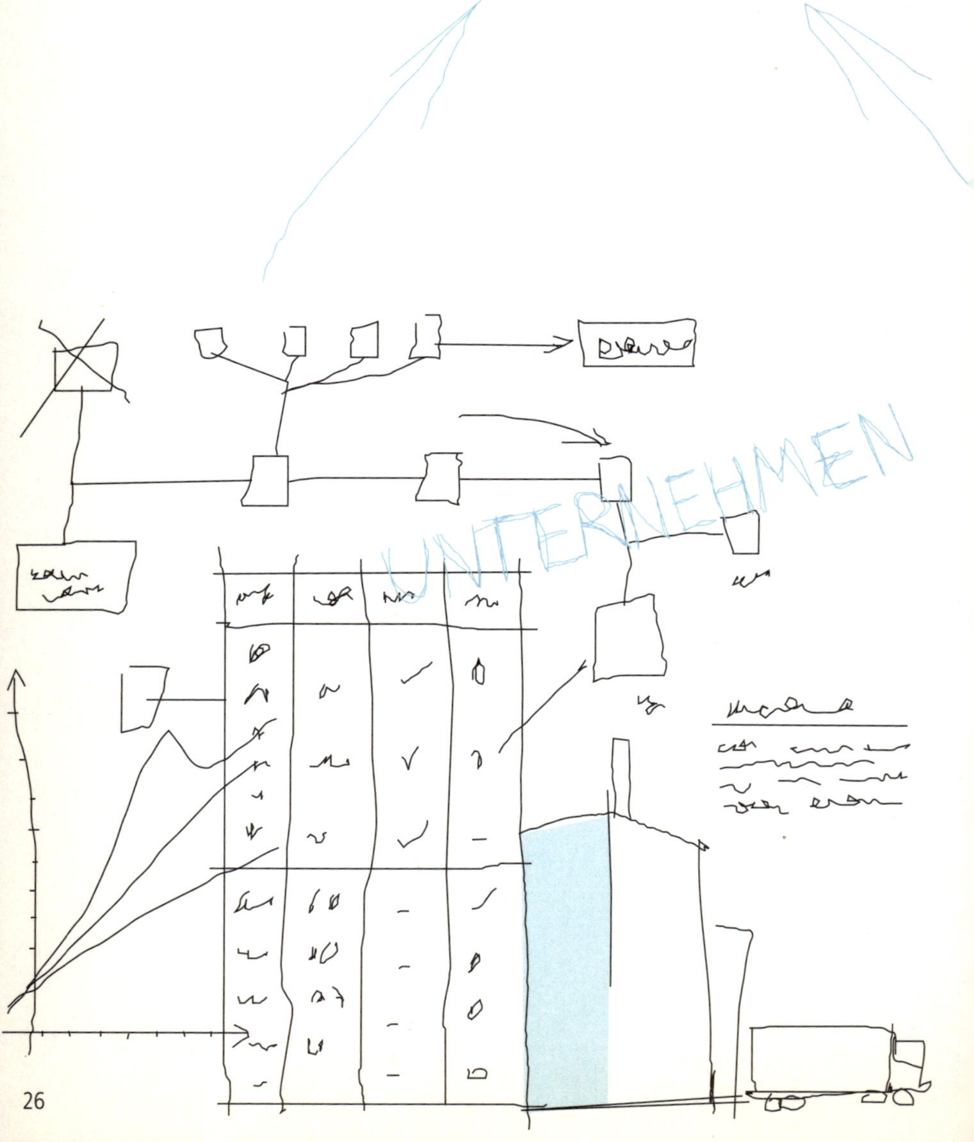

MENSCHEN

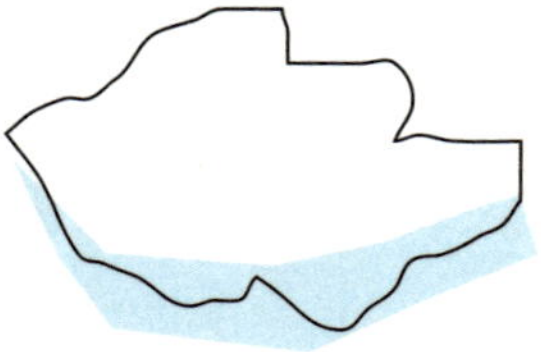

Schafe muss man hüten – Mitarbeiter motivieren.

Viel Erfolg.

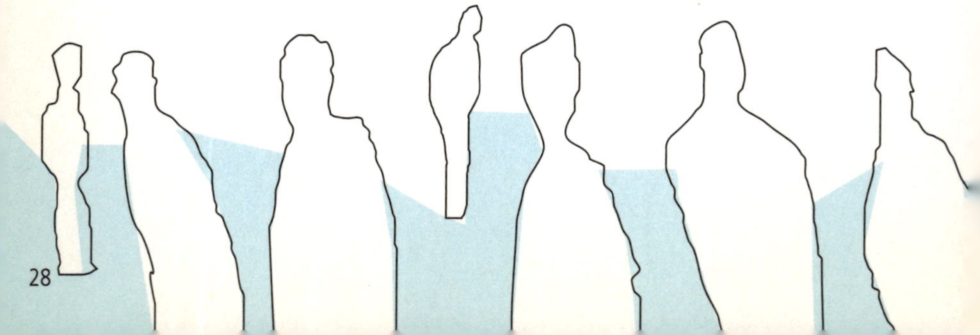

Wer mit Klarheit führt,

——— dem vertrauen die Menschen und folgen ihm. Freiwillig.

Sagen Sie es so einfach wie möglich, aber nicht einfacher. Unverständlichkeit führt zu Unruhe und ist noch lange kein Beweis für tiefe Gedanken. Wenn jemand einen wirklich klaren Gedanken hat, kann er ihn auch darstellen.
Und zwar ohne Wenn und Aber.

Führung braucht Vertrauen.
Wie ist das Klima bei Ihnen?

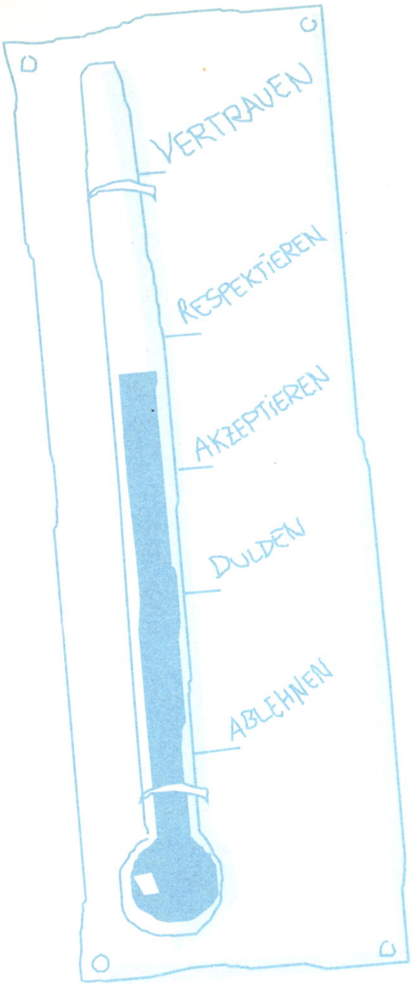
VERTRAUEN
RESPEKTIEREN
AKZEPTIEREN
DULDEN
ABLEHNEN

Manche Führungskräfte führen sich. Nur auf.
Das reicht. Vielleicht für Karneval.

Die Bedingungen,
in denen wir uns befinden, können wir oftmals nicht ändern.

Wohl aber ... die Art und Weise ... damit umzugehen.

Bestimmte Entscheidungen

sind nicht mehrheitsfähig.
Sie brauchen Weitblick
und Führungs**KRAFT**.

Klar und deutlich.
Ohne Umschweife, ohne Beschönigung.
Unmissverständlich. So wie es ist.
Ganz einfach.

Klartext.

Sich Zeit nehmen.

Für klare Verhältnisse sorgen.

Den Ist-Zustand analysieren,

nüchtern ein Fazit ziehen,
ohne Zögern handeln und nicht mehr zurückblicken.
Dann gibt es auch keine Ausreden mehr.
Schließlich soll es vorwärtsgehen.

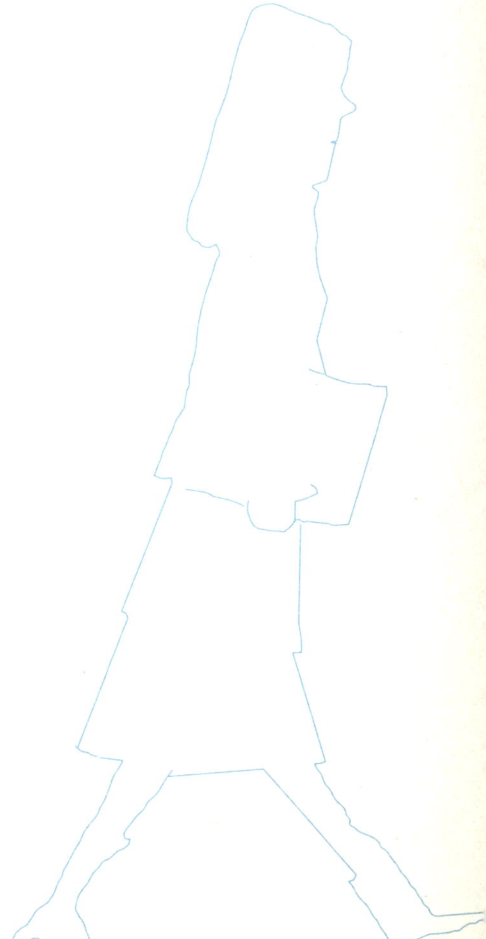

04

Veränderung

Wandel

ist eine wesentliche Konstante des Lebens.
Es mag im ersten Moment paradox klingen,
doch das, was uns Stabilität geben kann, ist der
richtige Umgang mit Veränderungen. Mit Sicherheit.
Denn Wandel findet sowieso statt, in jeder Sekunde,
in und um uns herum, ob wir wollen oder nicht.

Die Kernfrage ist nur:
Wie wollen wir diesen
Veränderungen begegnen? **Gerade jetzt.**

Es ist so, als ob man
eine Rolltreppe, die nach unten geht, hinaufläuft.
Wer dort bleiben will, wo er ist,
muss mindestens so schnell sein wie die Rolltreppe.
Wer vorankommen will, muss schneller sein.
Wer stehen bleibt, steht im Weg.

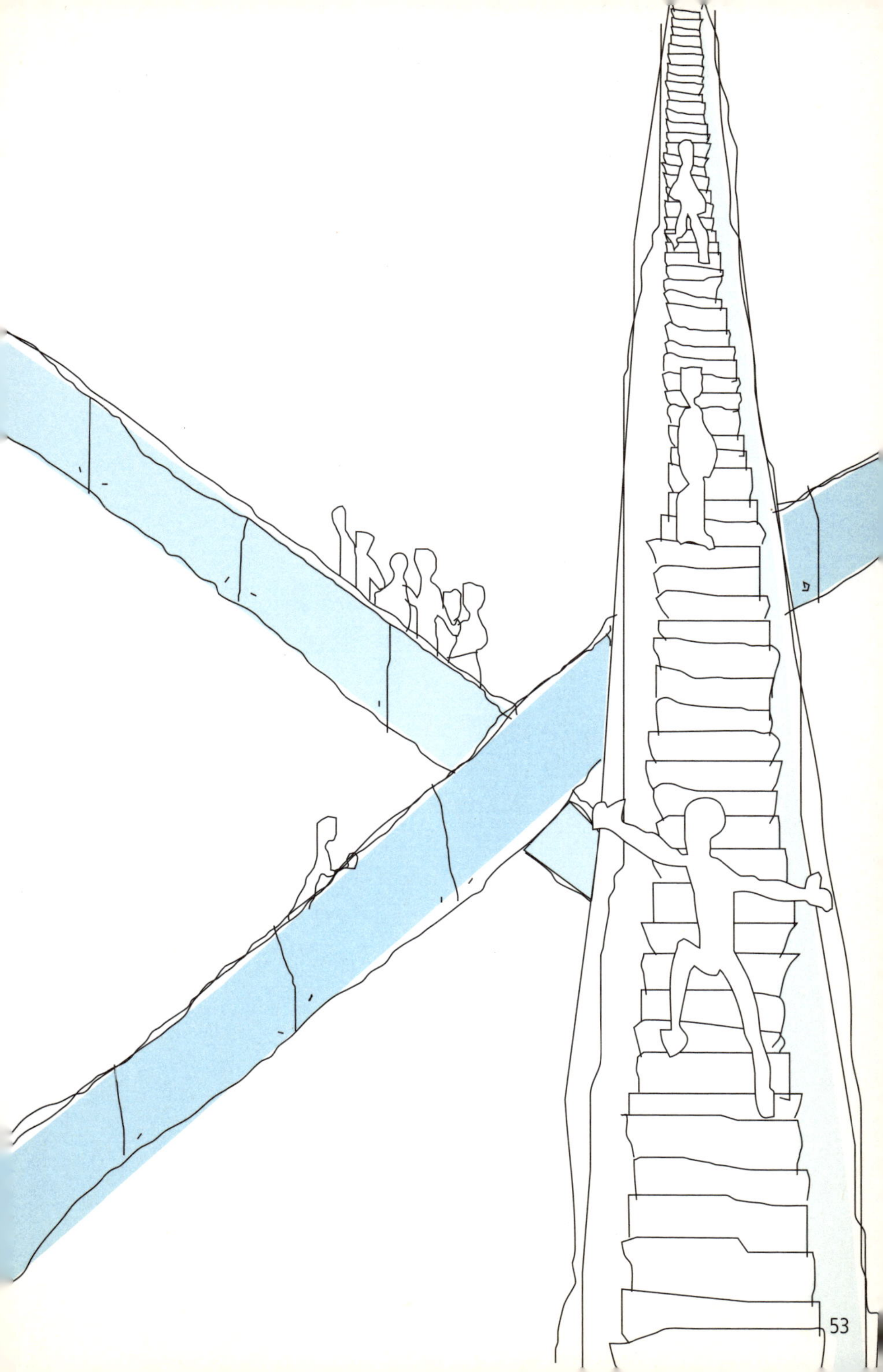

Der Weg aus der Krise,

der Start zum „Großen Preis der Veränderung“,
findet ausschließlich in den Köpfen von Menschen statt.

Ihrem Kopf,
dem Ihrer Mitarbeiter und Kollegen.

So entsteht Vielfalt.

An dieser Stelle müssen wir ansetzen, wenn wir die Zukunft gestalten wollen. Alles andere ist billiger Etikettenschwindel, der Rückzugsraum ängstlicher Opferlämmer und kurzsichtiger Blindschleichen.

Jede Veränderung will geführt werden.
Stufe für Stufe. Zum Erfolg.
Wo stehen Sie gerade?

Erfolg
Geschwindigkeit
Dynamik
Fokussierung
Orientierung

Wer Veränderungen auslöst, führt oder verantwortet, braucht Klarheit über seine Motive, ganzheitliches Wissen, wie Wandel mit Menschen funktioniert, und die Bereitschaft, in Krisen präsent zu sein.

Veränderungen laufen einerseits technologisch a

aber andererseits auch immer menschlic

Jede Prozessinnovation verändert d

Zusammenarbeit der Mitarbeite

die organisatorischen Prozes

und auch die Wissensprozess

Daher müssen auf allen Ebene

Neuerungen möglich gemacht werde

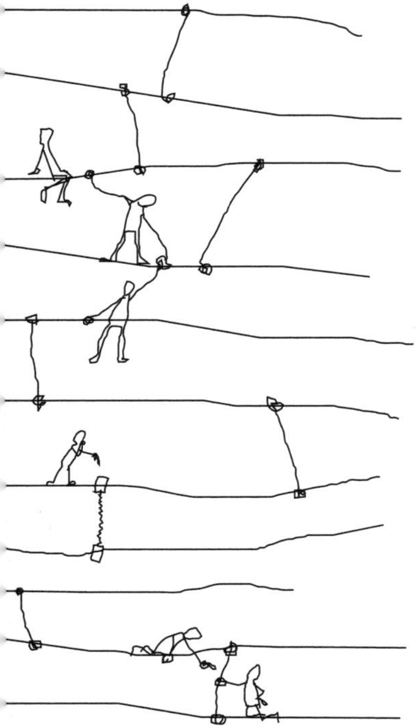

Lernen heißt Veränderung.
Und Veränderung kann beunruhigend,
manchmal sogar bedrohlich sein,
weil sie verlangt, vertraute Verfahrensweisen
und Denkmuster aufzugeben.

Veränderung braucht Klarheit.
Geheimniskrämerei und Verständlichkeit schließen sich von vornherein aus. Der Raum des Nichtgesagten will erschlossen werden. So oder so. Wenn die offiziellen Informationen dazu nicht reichen, wird der feste Boden der Tatsachen verlassen.
Man wandert gemeinsam durch die trüben Sümpfe der Erinnerungen in das Dickicht wildester Spekulationen. Die Gerüchteküche brodelt und jeder kocht sein eigenes Süppchen.

GEHEIM

In Veränderungsprozessen geht es für jeden darum, den richtigen **P l a t z** zu finden und diesen auch wirklich einzunehmen. Ansonsten bleibt der Wandel ein halbherziger Wunschgedanke. Für die, die ihren Platz bereits erfolgreich einnehmen, bringt Klarheit sie immer wieder dazu, die zugewiesene Rolle weiter auszufüllen.

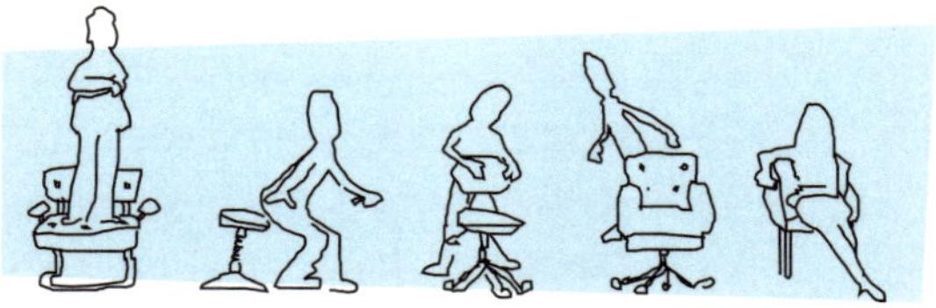

Der Veränderung begegnen.
Fragen stellen.
In den Austausch gehen.
Andere Sichtweisen einnehmen.
Hintergründe erhellen.
Inspirieren lassen.
Frische Ideen entwickeln.
Energien freisetzen.
Einen neuen

Standpunkt finden.

Klarheit versetzt Führungskräfte in die komfortable Lage, die eigenen Leute mit souveräner Leichtigkeit durch die

Widrigkeiten des Wandels

zu führen, damit Veränderung wirklich statt findet und nachhaltig wirkt.

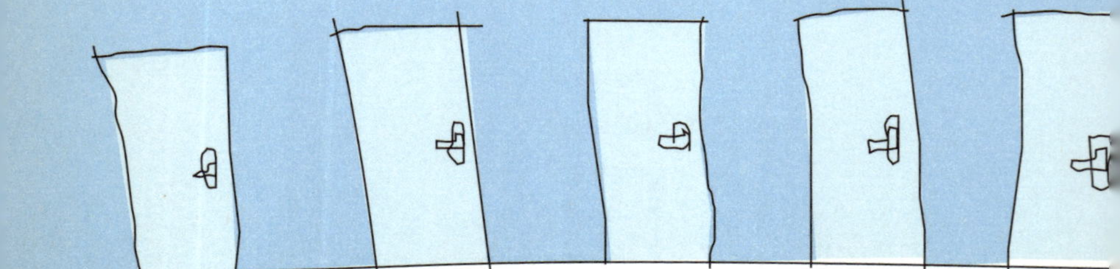

05

Ich

Wenn die Stimme und die Vision im Inneren klarer und lauter werden als die Meinungen im Außen, dann sind Sie auf dem richtigen Weg.

Nämlich auf Ihrem.

Konflikt ist, wenn das Ich Scr

reit

Lösungen, die nachhaltig **wirken**,
kommen von innen.

LÖSUNG

Arbeiten mit dem, was ist.
Nicht mit dem, was sein könnte oder müsste.
Schuldige suchen beruhigt vielleicht im ersten Moment,
bringt die Sache allerdings nicht einen Schritt weiter.
Gründe für Untätigkeit gibt es reichlich.
Wie wäre es mit:

die Software oder
mein Rechner,
die da oben,
unzureichende Informationen,
kein Geld,
die Branche,
der Markt,
mein Vater,
Ihre Mutter,
die Regierung,
die Simpsons,
Michael Jackson …

Vergessen Sie es!

Wer Grenzen überschreiten will,
braucht Klarheit, Mut, Kraft und ein großes Herz.

Entdecken Sie beide Seiten.

Wir leben in einer Welt, die sich uns gleichermaßen durch Denken und Fühlen erschließt.
Wenn Sie bloß intellektuell etwas glauben, aber kein entsprechendes Gefühl dazu haben, besitzen Sie nicht unbedingt genug Kraft, um das zu verwirklichen, was Sie wirklich wollen. Sie müssen es fühlen.

Also fühlen Sie sich jetzt wohl.

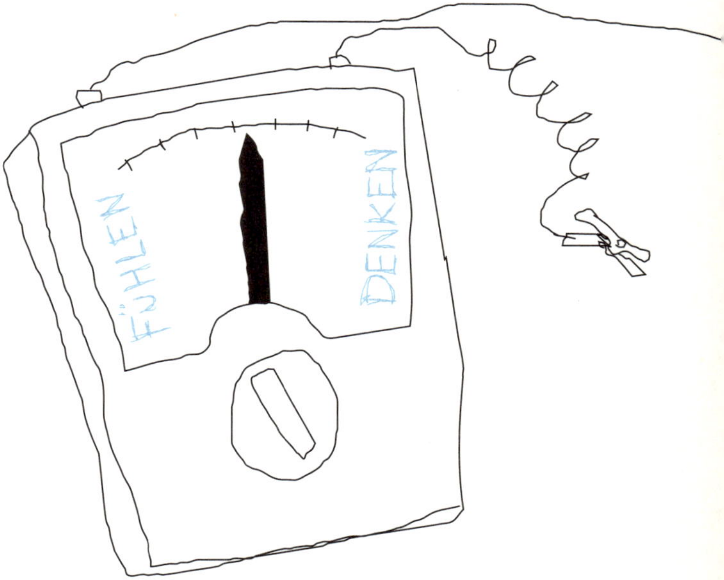
FÜHLEN
DENKEN

Ohne **Ich** kein wir.

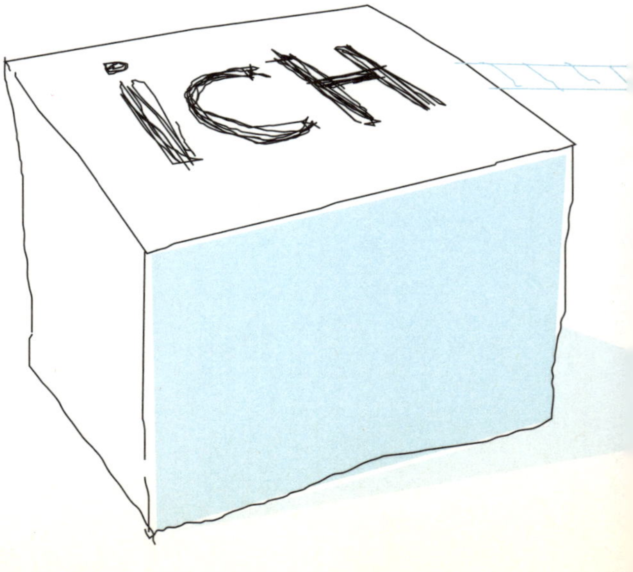

WiR

Suchen Sie keine Kunden,
Projekte oder Partner.

Suchen Sie die Menschen.
Beziehungsweise sich selbst.

Treiber, Getriebener, Vertriebener? Sie entscheiden.

Atempause

Danke

„Schreiben Sie es auf. So wie es ist. Und bitte einfach. Auf den Punkt gebracht. Viel kann jeder", war der an uns herangetragene Wunsch unserer Kunden. Ein kleines Heftchen sollte es werden. Dachten wir. Auf die Schnelle, so für zwischendurch. Erkenntnisse sollten rein. Ergebnisse unserer Arbeit. Von der Praxis erprobt und für gut befunden. Kaum hatten wir die Ärmel hochgekrempelt, saßen wir auch schon mittendrin. In der Fülle an Erlebnissen, Erfahrungen und Einsichten aus dem Führungsalltag unserer Klienten – von Ihnen.

Ohne Sie wäre die Idee zu diesem Buch nie entstanden. Ohne den Willen, immer wieder für klare Verhältnisse zu sorgen, den Mut querzudenken und das Vertrauen, mit uns neue Wege zu gehen, gäbe es diesen Erfahrungsschatz nicht. Ihnen allen dafür ein herzliches Danke. Weiterhin spannende Zeiten mit viel Klarsicht und Erfolg. Wir bleiben weiter dran. Mit Sicherheit.

Und natürlich geht ein solches Projekt nicht alleine. Es braucht kreative Köpfe, wohlwollende Ratgeber, aufrichtige Kritiker, nimmermüde Antreiber, helfende Hände.
Danke Euch allen.